Ausgabe 1948

Preisliste

mit Kupfergewichten

für Neuwicklungen an:

Drehstrom-
Einphasen-Wechselstrom-,
Gleichstrom- und
polumschaltbare Drehstrom-
Motoren ca. 0,5 - 100 Ps.
Drehstrom-Transformatoren
ca. 5 – 100 kVA.
Neubelegung von Kollektoren
und Lagerersatz.

Herausgeber: Zivilingenieur Fritz Raskop,
Sachverständiger für Elektromaschinenbau

…chdruckerei Oskar Schnitzer, Markt Oberdorf

Vorwort

Die vorliegende Preisliste entstand im Rahmen der Währungsreform in den Jahren 1923/24 als sogenannte Goldmark-Preisliste. Sie wurde damals von den Instandsetzungsfachleuten freudig begrüßt und hat sich in den verflossenen 24 Jahren zu einem unentbehrlichen Rüstzeug entwickelt, welches in fast allen Instandsetzungswerkstätten Deutschlands obligat eingeführt ist und tägliche Verwendung findet.

Der anfängliche, bescheidene Umfang von 4 Oktavseiten wurde im Ablauf der Jahre auf 24 DIN-A 5-Seiten erweitert und die vorliegende Neuauflage 1948 weist bereits einen Umfang von 44 Seiten auf. Etwa im gleichen Maße, wie sich der Umfang der Liste vergrößerte, stieg auch die Bedeutung derselben im deutschen Elektromaschinenbauerhandwerk. Die Liste hat ihre Daseinsberechtigung und praktische Brauchbarkeit im Ablauf der verflossenen 24 Jahre nicht nur in den Händen der selbständigen Elektromaschinenbauermeister - als Kalkulationsgrundlage -, sondern auch als Basis für die Ausfertigung von Sachverständigen-Gutachten und bei der Urteilsfindung in Rechtsstreitigkeiten sinnfällig unter Beweis gestellt.

Die Herausgabe der vorliegenden, verbesserten und erweiterten Auflage erfolgte im Hinblick auf die am 20. Juni 1948 durchgeführte Währungsreform, sowie auf Grund zahlreicher Zuschriften, die der Verfasser aus dem Kreise der selbständigen Instandsetzungsfachleute erhielt und die erkennen lassen, daß das Erscheinen einer, dem derzeitigen Stande der wirtschaftlichen Entwicklung entsprechenden Preisliste dem dringenden Verlangen der berufenen Fachleute entspricht.

Die Ermittelung und Festsetzung eines a n g e m e s s e n e n Preises erfordert Fachwissen und Erfahrungen. Die Preiskalkulation ist der wichtigste Baustein für die Errichtung eines tragfähigen Fundamentes, dessen das Elektromaschinenbauerhandwerk im Rahmen des Wiederaufbaues der deutschen Friedenswirtschaft dringend bedarf. Diesem Streben soll die vorliegende Liste bevorzugt dienen.

Im August 1948.

Der Verfasser.

Wichtige Vorbemerkungen

1. Die vorliegende Preisliste soll im wesentlichen als Grundlage und Hilfsmittel bei der überschläglichen Kostenermittlung von Neuwicklungs- und Instandsetzungsarbeiten an elektrischen Maschinen und Transformatoren dienen.

Zu diesem Zwecke enthält die Liste sogenannte Listen-Grundpreise in D-Mark, die nach Maßgabe der Kalkulationsfaktoren:

effektiver Werkstoffverbrauch
\+ produktiver Arbeitszeitaufwand
\+ Unkostenzuschlag (Generalien)

= Gestehungspreis
\+ Unternehmergewinn

= Listen-Grundpreis (Rechnungswert)

bezogen auf normale Wirtschaftsverhältnisse und auf bestimmte, näher gekennzeichnete Fälle sorgfältig errechnet worden sind.

2. Da es sich bei den vorgenannten Kalkulationsfaktoren um sogenannte labile (schwankende) Werte handelt, so ergibt sich insbesondere bei einer gleitenden Preisbasis (steigende oder fallende Tendenz) die Notwendigkeit, den jeweiligen Listen-Grundpreis durch Anwendung eines

Multiplikators

den jeweils vorliegenden Wirtschaftsverhältnissen anzugleichen.

In diesem Multiplikator müssen z. B. etwaige Lohnerhöhungen, Preissteigerungen auf dem Werkstoffmarkt usw. sowie alle anderen, den Gestehungspreis beeinflußenden Veränderungen, die im Ablauf der Währungsreform oder aus anderen Gründen in Erscheinung treten, erfaßt werden.

3. Die Ermittelung des Multiplikators kann auf recht einfache Weise auf Grund von Nachkalkulationen geschehen, die im Ablauf etwa eines Viertesjahres an einigen ausgeführten Arbeiten vorgenommen werden.

Teilt man das jeweilige Kalkulationsergebnis durch den zugehörigen Listenpreis, so erhält man den Multiplikator, mit welchem die Listen-Grundpreise im Ablauf des nächsten Vierteljahres multipliziert werden können.

Beispiel: Neuwicklung eines 4pol. 5,5 kW Drehstrom-Ständers 380/220 Volt, ca 1450 n, normale offene Ausführung für Dauerbetrieb, Baujahr bis etwa 1930.
Ergebnis der Nachkalkulation: *DMk: 126.—*.
Dann beträgt der *Multiplikator:* 126 : 90 = 1,4, d. h. der Listen-Grundpreis (DMk: 90.—) muß mit 1,4 multipliziert werden.

4. Die Ermittelung der wirkl. Geschäftsunkosten-Nachkalkulation

Ueber die Durchführung ordnungsmäßiger Nachkalkulationen, insbesondere über die Ermittlung der Geschäftsunkosten (Generalien) hat der Verfasser in seiner Broschüre:

Die Meisterprüfung im Elektromaschinenbauerhandwerk,
3. Auflage - 1947 - (4. Auflage in Vorbereitung)
Verlag: Herbert Cram, Berlin W 35, Seiten 27, 45-49

ausführliche Angaben gemacht und praktische Kalkulationsbeispiele angeführt.

In der Regel genügen die vierteljährlichen Kalkulations-Kontrollen, bei denen der Mittelwert aus etwa 3—5 Beispielen als Multiplikator festgelegt wird.

5. Die Verantwortung für die endgültige Preisfestsetzung trägt im Rahmen des Werkvertrages der Auftragnehmer bzw. der Unter nehmer

An sich ist er möglich, daß der Multiplikator für einen umgrenzten Wirtschaftsbezirk z.B. für den Bereich einer Elektro-Innung oder eines Landesverbandes von der zuständigen Berufsorganisation periodisch überprüft, neu festgesetzt und obligat an die Mitglieder bekanntgegeben wird.

Maßgebend für die Rechnungslage (Ausstellung der Rechnung) bleibt indessen in jedem Einzelfalle die ordnungsmäßig durchgeführte Nachkalkulation, d.h. die Verantwortung für den jeweils verlangten Preis trägt in jedem Einzelfalle der Unternehmer.

Er trägt sich selbst gegenüber die Verantwortung dafür, daß die verlangten Preise die Existenz seines Unternehmens gewährleisten, aber auch dafür, daß die verlangten Preise einer ordnungsmäßigen Nachkalkulation standhalten.

Die Neuwicklungen und Instandsetzungen an elektrischen Maschinen und Transformatoren können nicht vorbehaltlos als sogenannte R e g e l l e i s t u n g e n bezeichnet und behandelt werden.

Auch bei gleichen Leistungen, Ausführungen und Baujahre können sich durch besondere Verhältnisse nennenswerte Unterschiede z.B. bezüglich des Arbeitszeitaufwandes ergeben, die sich auf den Gestehungspreis auswirken.

Aus diesem Grunde allein ist die Nachkalkulation wichtig und lohnend.

6. Was muß bei der Preisfestsetzung anhand der Liste beachtet werden?

Für die zuverlässige Schnellbestimmung des überschlägigen Preises einer Neuwicklung bei Elektromaschinen sind folgende Feststellungen zu treffen:

a) die Schildleistung in kW oder PS
b) die Läufer-Drehzahl
c) die Ausführungsart (offen oder spritzwassergeschützt, oberflächengekühlt oder gekapselt)
d) die betriebliche Inanspruchnahme der Maschine
   Dauerbetrieb = DB
   KB = kurzzeitiger Betrieb
   DKB = Dauerbetrieb mit kurzzeitiger Belastung
   AB = aussetzender Betrieb
   DAB = Dauerbetrieb mit aussetzender Belastung
e) die Höhe der Betriebsspannung (bei Hochspannungsmaschinen)
f) Maschinen in Sonderausführung
   mit Feuchtigkeitsschutz
   mit Tropenschutz
   mit hitzebeständigen Wicklungen (Asbest-, Glasisolation)
   mit polumschaltbaren Wicklungen
   u. a. m.

Nur bei sorgfältiger Beachtung aller dieser Faktoren ist eine zuverlässige Preisbestimmung möglich.

Die Richtigkeit und Notwendigkeit dieser Hinweise soll nachstehend dargelegt werden.

7. Die Leistungs- und Gewichtsunterschiede

bei offenen und spritzwassergeschützten,
oberflächengekühlten und
gekapselten
Drehstrommotoren für Dauerbetrieb (DB)

Der Aufwand an aktiven und passiven Baustoffen bei Drehstrommotoren für Dauerbetrieb ist im hohen Maße von der spezifischen Beanspruchung der aktiven Baustoffe (magnetische Sättigung der Dynamobleche, spezifische Strombelastung des Wicklungs-Leiterwerkstoffes), von der Drehzahl des Läufers, dem Baujahr, der Ausführungsart und der betrieblichen Inanspruchnahme abhängig.

Im Zusammenhang hiermit stehen auch die

T o t a l g e w i c h t e u n d A b m e s s u n g e n

der Motoren.

Wie groß beispielsweise die Gewichtsunterschiede bei gleicher Leistung und Drehzahl, bezogen auf die verschiedenen Ausführungsarten sein können, zeigt die nachstehende Gegenüberstellung.

Die Werte sind einer Preisliste entnommen und beziehen sich auf Drehstrommotoren die nach dem Baujahr 1930 entworfen sind und z. Zt. noch laufend hergestellt werden.

Totalgewichte
neuzeitlicher Drehstrommotoren für Dauerbetrieb

Leistung in kW	Drehzahl bei 50 Hertz	Ausführungsart	Totalgewicht in kg
2,2	3000	spritzw. gesch. oberfl. gekühlt gekapselt	30 kg 36 „ 78 „
3,0	3000	spritzw. gesch. oberfl. gekühlt gekapselt	55 kg 70 „ 125 „

Die vorstehend als Beispiel zur Betrachtung gestellten Motoren besitzen passive Bauteile (Lagerschilde und Mittelstücke) aus dünnwandigen Maschinen-Grauguß. In Leichtmetallausführung (Alum-Preß- oder Schleuderguß) kommen geringere Totalgewichte in Frage. Die relativen Gewichtsunterschiede sind aber auch hier vorhanden.

Diese Gewichtsunterschiede beziehen sich anteilig sowohl aur die aktiven, als auch auf die passiven Bauteile.

Der Bedarf an Wicklungskupfer für die Ständerwicklungen zeigt beispielsweise etwa folgende Unterschiede:

Kupfergewichte der Ständerwicklungen

Leistung in kW	Drehzahl bei 50 Hertz	Ausführungsart	Kupfergewichte in kg, netto
4	1500 n	spritzw. gesch. oberfl. gekühlt gekapselt	5 6 12,2

Entsprechend der Gewichtsunterschiede und somit auch der äußeren Abmessungen, sowie des Arbeitszeitaufwandes, weisen auch die Listenpreise für fabrikneue Motoren entsprechende Unterschiede auf.

Listenpreise von neuzeitlichen Drehstrommotoren verschiedener Ausführungsarten (für Dauerbetrieb)

Leistung in kW	Drehzahl bei 50 Hertz	Ausführungsart	Listenpreise ohne Aufschläge (1939)
3	1500 n	spritzw. gesch.	135.- Mk.
3,5	4 polig	oberfl. gekühlt	200 - Mk.
3		gekapselt	330.- Mk.

Die Unterschiede in den Schildleistungen bei den verschiedenen Ausführungsarten, bezogen auf gleichen, äußeren Ständerdurchmesser zeigen die nachstehende Gegenüberstellung.

Leistungsunterschiede
bei gleichem Aufwand an aktiven Baustoffen
(Akt. Eisen und Kupfer)

Drehzahl bei 50 Hertz	Ausführungsart	Kupfergewicht d. Ständerwicklg.	Schildleistung
3000	spritzw. gesch.	3,6 kg	2,4 kW
3000	oberfl. gekühlt	3,6 „	1,6 kW
3000	gekapselt	3,6 „	0,65 kW

Die Schildleistung der Motoren nimmt also in dem Grade ab, wie die Intensität der Belüftung des aktiven Materials abnimmt.

Man kann diese Leistungsminderung in Prozent ausdrükken und diese Prozentsätze als Unterlage für die Preisermittlung zum Einsatz bringen.

Uebersicht über die ungefähre, prozentuale Leistungsminderung bei den verschiedenen, üblichen Ausführungsarten
(Mittelwerte aus Leistungen etwa 1—20 kW)

Drehzahl bei 50 Hertz	Ausführungsart	Leistungsminderung in % (ungefähre Mittelwerte)
3000 n	spritzw. gesch.	0 - %
	oberfl. gekühlt	30 %
	gekapselt	50 - 70 %
1500 n	spritzw. gesch.	0 - %
	oberfl. gekühlt	20 %
	gekapselt	60 - 65 %
1000 n	spritzw. gesch.	0 - %
	oberfl. gekühlt	15 %
	gekapselt	35 %
750 n	spritzw. gesch.	0 - %
	oberfl. gekühlt	10 %
	gekapselt	30 %

Aus der vorstehenden Uebersicht geht deutlich hervor, daß die Leistungsunterschiede bei 2poligen Ausführungen erheblich größer sind, als bei 4-, 6- und 8poliger Ausführung. Bei den niedrigen Drehzahlen sind die Unterschiede noch klar ersichtlich, aber nicht mehr so einschneidend.

Wichtig ist, daß die Unterschiede nicht einheitlich und um so größer sind, je höher die Läuferdrehzahl der Motoren ist.

Die Betrachtung führt zu der Erkenntnis, daß die Neuwicklung eines oberflächengekühlten Motors bezogen auf gleiche Schildleistung kostspieliger ist, wie diejenige eines offenen oder spritzwassergeschützten Motors.

Die aufgezeigten Unterschiede beziehen sich - wohlbemerkt - auf Motoren gleichen Baujahres. Sie schaffen Klarheit darüber, daß bei der Preisabgabe gelegentlich einer Neuwicklung (Vorkalkulation anhand der vorliegenden Liste) eine ganze Anzahl wichtiger Merkmale berücksichtigt werden müssen.

Liegen Sonderausführungen vor (z. B. polumschaltbare Motoren), dann darf auch diese Angabe nicht fehlen, wenn der Neuwicklungspreis wenigstens annähernd zutreffend abgegeben werden soll.

Im Regelfalle wird, wenn entsprechende Möglichkeiten gegeben sind, der Instandsetzungsfachmann v o r der Preisabgabe den jeweils in Frage stehenden Motor besichtigen und seine Vorkalkulation auf die vorstehend aufgezeigten Merkmale aufbauen.

Anleitung für den täglichen Gebrauch der vorliegenden Preisliste

1. F e s t e l l u n g d e r L e i s t u n g u n d d e r K u p f e r g e w i c h t e. Für die Ermittelung des angemessenen Preises für die Neuwicklung elektrischer Maschinen geben die Leistung und die Kupfergewichte der Wicklungen einen wichtigen Anhalt.

Die *Listen-Grundpreise und die Kupfergewichte* dieser Liste beziehen sich grundsätzlich auf

a) normale, offene und spritzwassergeschützte Ausführungen für Dauerbetrieb,

b) Baujahre etwa 1923—1930.

Die Listen-Grundpreise beziehen sich ausschließlich auf Motoren in normaler, offener oder spritzwassergeschützter Ausführung für Dauerbetrieb, Baujahr etwa 1923—1930.

Sofern ein Motor hinsichtlich Ausführung, Baujahr usw. hiervon abweicht, muß durch Anwendung der Tabellen I und II eine Korrektur gemäß der nachstehenden Beispiele Nr. 1—3 vorgenommen werden.

Im Beispiel Nr. 1 handelt es sich um einen oberflächengekühlten Motor. Bezogen auf die Schildleistung hat dieser Motor ein höheres Kupfergewicht und größere Abmessungen.

Aehnliche Unterschiede ergeben sich nach den Beispielen Nr. 2—3.

Tabelle I *Ausführungsart-Multiplikatoren*

Ausführungsart	Drehzahlen			
	3000 n	1500 n	1000 n	750 n.
	Multiplikator			
oberfl. gekühlt	1,3	1,2	1,15	1,1
gekapselt	2 2,2	1,8 - 2	1,35 - 1,4	1,3

Tabelle II *Baujahr-Kupfergewichte-Multiplikatoren*

Baujahre	Multiplikatoren	Bemerkungen
vor 1923	1,3 1,5	bei noch älteren Baujahren 1,8 - 2,2
nach 1930	0,6 0,8	

Beispiel Nr. 1

Drehstrommotor 7,5 PS, 5,5 kW, 380/660 Volt, 1450 n, Ausführung: oberflächengekühlt, Baujahr 1923-1930 mit Sondernutläufer.

Hier handelt es sich um einen Motor, der mit den Listenwerten hinsichtlich der Ausführungsart nicht übereinstimmt.

a) Die Schildleistung 7,5 PS, 5,5 kW muß daher nach Tabelle I mit 1,2 multipliziert werden
5,5 . 1,6 = 6,6 kW = 9 PS.

b) Der hierfür geltende Listen-Grundpreis ergibt sich daher aus dem Mittel von 76 + 90 : 2 = DMk 83.—.

c) Das zutreffende Kupfergewicht ergibt sich gemäß Preisliste mit ca. 13,75 kg (Mittelwert).

Beispiel Nr. 2

Derselbe Motor, jedoch Baujahr vor 1923 (ältere Type).

In diesem Falle weicht der Motor von den Listenwerten hinsichtlich des Baujahres ab. Diese Motoren weisen höhere Kupfergewichte und größere Abmessungen auf. Demgemäß liegt auch der Neuwicklungspreis höher, als der Listenpreis, bezogen auf die Leistung 7,5 PS, Drehzahl und Ausführungsart.

a) Die Leistung gemäß Beispiel Nr. 1 = 6,6 kW, 9 PS ist gemäß Tabelle II mit 1,3 zu multiplizieren
6,6 . 1,3 = 8,58 kW = ca. 11,7 PS.

b) Hiernach ergibt sich nach der vorliegenden Preisliste ein Listen-Grundpreis von etwa 111 + 123 : 2 = DMk 117.— und

c) ein Kupfergewicht der Ständerwicklung von ca. 17 kg (Mittel aus 15 + 19 : 2 = ca. 17 kg).

Beispiel Nr. 3

Drehstrommotor 7,5 kW, 10 PS, 380/220 Volt, ca. 950 n (6polig) 50 Hertz, spritzwassergeschützte Ausführung, für Dauerbetrieb, Baujahr nach 1930 (neuzeitliche Normtype) vermutlich Baujahr 1940.

a) Das Kupfergewicht der Ständerwicklung gemäß der vorliegenden Preisliste, bezogen auf die Leistung 7,5 kW, 1000 n, muß mit 0,7 multipliziert werden
   18,5 . 0,7 = ca. 13 kg.

b) Dieses Kupfergewicht entspricht einem Listen-Grundpreis von ca. DMk 87.— und

c) einer listenmäßigen Dauerleistung von etwa 4—5 kW.

Anmerkung: Die spritzwassergeschützten Ausführungen können den listenmäßigen offenen Ausführungen leistungsmäßig etwa gleichgesetzt werden.

Im Beispiel Nr. 3 weicht der Motor von den listenmäßigen Werten hinsichtlich des Baujahres ab. Es zeigt also den umgekehrten Fall. Der Motor ist in seinen Abmessungen kleiner und der Ständer weist ein geringeres Kupfergewicht auf. Deshalb muß der listenmäßige Grundpreis auch herabgesetzt werden.

Weitere Aufschläge auf die Listen-Grundpreise kommen im Regelfalle nicht in Betracht. Diese werden normalerweise nach Feststellung des sogenannten Tagespreises in Ansatz gebracht.

Der Tagespreis ergibt sich aus dem korrigierten Listen-Grundpreis mal dem Multiplikator, der unter „Wichtige Vorbemerkungen" erwähnt ist.

Der Tagespreis für Neuwicklungen

ergibt sich aus dem Listen-Grundpreis - der im Einzelfalle gemäß der Beispiele Nr. 1—3 den jeweils vorliegenden Verhältnissen angeglichen werden muß - und aus dem Multiplikator.

Listen-Grundpreis Multiplikator = Tagespreis.

Sonderaufschläge auf die listenmäßig ermittelten Tagespreise

1. Der sogenannte Tagespreis bezieht sich ausschließlich auf die Herstellung der Wicklungen. Andere Arbeiten (mechanische Arbeiten, Lagerersatz, Ersatz der Klemmbretter usw.) werden gesondert hiervon in Rechnung gestellt.

2. Als Sonderaufschläge auf die Tagespreise kommen in Betracht:

a) Bei Hochspannungsmaschinen werden die listenmäßig ermittelten Tagespreise erhöht und zwar
   bis 2000 Volt um etwa 35%,
   über 2000 Volt—5000 Volt = 40—45%.
   Etwa notwendiger Ersatz der Mika-Nutenisolation wird gesondert in Rechnung gestellt.

b) Schutzimprägnierungen. Erhalten die Wicklungen einen besonderen Schutz gegen Feuchtigkeit, Säuren, Chemikalien, Tropenschutz usw., dann erhöhen sich die listenmäßig ermittelten Tagespreise um 5—10%.

c) Motoren für andere Frequenzen als 50 Hertz. Bei Motoren mit Wicklungen für andere Netzfrequenzen als 50 Hertz, z. B. 25, 40, 60, 100 usw. erhöhen bzw. ermäßigen sich die Listen-Grundpreise entsprechend des vorgefundenen Kupfergewichtes.

d) Drehstromläufer mit Stabwicklungen. Bei Drehstromläufern mit Stabwicklungen erhöhen sich die Tagespreise um 33⅓—50%.

e) Hitzebeständige Wicklungen. Erhalten die Motoren Wicklungen aus asbest- oder glasisolierten Drähten, dann erhöhen sich die Tagespreise um 15-20%.

f) Polumschaltbere Drehstrommotoren. (Siehe Seite 33). Bei sogenannten Einwicklungsausführungen für mehrere Drehzahlen (3—4 Drehzahlen) gelten die Listen-Grundpreise für Mehrwecklungsausführung mit gleichen Drehzahlen.

g) Kupfergewichte. Die Kupfergewichte der Drehstrommotoren dieser Liste beziehen sich auf die Baujahre etwa 1923—1930 und auf normale, offene bzw. spritzwassergeschützte Ausführung.
   Bei Drehstrommotoren aus den Baujahren vor 1923 liegen die Kupfergewichte höher.
   Bei Drehstrommotoren aus den Baujahren vor 1930 liegen die Kupfergewichte niedriger.
   (Siehe Tabelle II und Beispiele Nr. 1—3, Seite 9/10).

h) Nachbearbeiten der Blechpakete. Bei Wicklungsschäden, die infolge Lagerschäden entstanden sind, müssen die Blechpakete des Ständers und Läufers in der Regel gerichtet und nachbearbeitet werden. Diese Arbeiten werden gesondert in Rechnung gestellt.

i) Besondere Schwierigkeiten beim Entfernen der beschädigten Wicklungen aus dem aktiven Eisen. Erweist sich die Entfernung der Wicklungen aus dem aktiven Eisen (infolge Lagerschäden, Verwendung härtbarer Kunstharzlacke und dergl.) als besonders zeitraubend, dann werden die Mehrarbeiten gesondert in Rechnung gestellt.

k) Wickeldaten. Ist bei einer Neuwicklung (infolge falscher oder fehlender Wickeldaten) eine Berechnung der Wickeldaten erforderlich, dann werden diese Kosten gesondert in Rechnung gestellt.

l) Läufer - Durchzugs - (Einfädel) - Wicklungen. Bei dieser Wicklungsart erhöhen sich die listenmäßig ermittelten Tagespreise um 15—20%.

m) Besondere Umbandelungen der Wicklungen. Werden die einzelnen Wicklungselemente aus besonderer Notwendigkeit heraus mit Jakonett- oder Oelleinen-Diagonalband oder Kunststoffolien umbandelt, dann wird der hierdurch entstehende Mehraufwand an Werkstoffen und Arbeitszeitaufwand gesondert in Rechnung gestellt.

n) Altkupfer. Das aus den beschädigten Wicklungen anfallende Altkupfer ist in den Listen-Grundpreisen einkalkuliert. Bei Umwicklungen von Alu- in Kupfer, oder in den Fällen, wo der Motor ohne Wicklungen zur Instandsetzung eingeliefert wird, kann die Differenz gesondert in Rechnung gestellt werden.

o) Besondere Abstützungen der Wicklungen. Erweist sich eine besondere Abstützung der Wicklungen (z.B. bei 2poligen Maschinen) als notwendig, dann ist dieser Mehraufwand an Werkstoffen und Arbeitszeit gesondert in Rechnung zu stellen. (Erhöhung der Kurzschlußfestigkeit).

Drehstrommotoren

3000, 1500, 1000, 750, 600 und 500 Umdrehungen i. d. Min.
bei 50 Hertz

Nomogramm-Rechenschieber nach Raskop für die Schnellbestimmung der Wickeldaten bei Umwicklungen für andere Spannungen und Drehzahlen.
Für die Spannungen: 110, 120, 190, 220, 380, 500, 660 Volt

Drehstrom
3000 n

Preise

für Neuwicklungen von **Drehstrommotoren**, normale, offene Ausführung

Drehzahl = 3000 n, 2 polig, 50 Perioden

Leistung		Preis in DM		Kupfergewicht		Bemerkungen
PS	kW	Ständer	Läufer	Ständer	Läufer	
1	2	3	4	5	6	7
0,5	0,37	30.-		2,0		
0,75	0,55	32.-		2,4		
1	0,74	33.-		2,6		
1,5	1,1	37.-		3,2		
2	1,45	41.-		4,2		
3	2,2	45.-		6,0		
4	3	59.-	46.-	7,0	3,5	
5,5	4	67.-	49.-	9,0	5	
7,5	5,5	79.-	53.-	12	7	
10	7,4	93.-	69.-	15	8	
12,5	9,2	116.-	81.-	16	8,5	
15	11	129.-	93.-	17	9	
20	14,5	137.-	110.-	19	10	
25	18,5	170.-	120.-	20	11	
30	22	189.-	148.-	25	18	
40	29,5	228.-	165.-	28	20	
50	37			40	25	
60	44			45	28	
80	59			50	35	
100	75			55	40	

Siehe Anmerkungen Seite 14—19

Sehr wichtig!

Anmerkungen für die Drehstrom-Listen

1. **Rabatte:**
   Die Preise der Drehstromliste enthalten einen Installateur-Rabatt von 10%.
2. **An- und Ablieferung:**
   Die Preise verstehen sich ab Werkstatt. An- und Abfuhrspesen gehen zu Lasten des Auftraggebers.
3. **Preisstellung:**
   Bauart: Die Preise beziehen sich auf normale, offene,

Preise und Kupfergewichte

für Neuwicklungen von Drehstrommotoren, normale, offene Ausführung

Drehzahl = 1500 n, 4 polig, 50 Perioden

Leistung		Preis in DM		Kupfergewicht		Bemerkungen
PS	kW	Ständer	Läufer	Ständer	Läufer	
1	2	3	4	5	6	7
0,5	0,37	29.-		1,5		
0,75	0,55	32.-		2,7		
1	0,74	35.-	29.-	3	1,3	
1,5	1,1	40.-	32.-	4,5	1,5	
2	1,45	44.-	35.-	6,5	1,5	
3	2,2	55.-	46.-	7	1,8	
4	3	65.-	48.-	8,5	5	
5,5	4	76.-	57.-	11,5	6	
7,5	5,5	90,-	65.-	12,5	8	
10	7,4	111.-	82.-	15	10	
12,5	9,2	123.-	93.-	19	13	
15	11	131.-	106.-	21	14	
20	14,5	156.-	116.-	23	22	
25	18,5	182.-	149.-	26	24	
30	22	206.-	156.-	28	26	
40	29,5	231.-	174.-	32	30	
50	37	268.-	211.-	43	31	
60	44	301.-	238.-	47	34	
80	59	356.-	280.-	55	41	
100	75	412.-	335.-	59	43	

Siehe Anmerkungen Seite 14—19

ventiliert gekapselte und tropfwasser-geschützte Ausführung, sowie auf die listenmäßigen Kupfergewichte.

Kupfergewicht: Motoren älteren Baujahres weisen in der Regel ein höheres Kupfergewicht auf. In derartigen Fällen erhöht sich der Preis entsprechend des tatsächlichen Kupfergewichtes.

Beispiel: Ein 10-PS-Drehstrommotor 1000 n, älteren Baujahres weist im Ständer ein Kupfergewicht von 23,5 kg auf. Dieses Gewicht entspricht einer listenmäßigen Leistung von 15 PS 1000 n. Der Preis für die Neuwicklung des Ständers beträgt daher nicht Mk. 127.—, sondern gemäß Liste Mk. *154*.—.

Gekapselte Ausführung: Für Drehstrommotoren

Preise und Kupfergewichte

für Neuwicklungen von Drehstrommotoren, normale, offene Ausführung

Drehzahl = 1000 n, 6 polig, 50 Perioden

Leistung		Preis in DM		Kupfergewicht		Bemerkungen
PS	kW	Ständer	Läufer	Ständer	Läufer	
1	2	3	4	5	6	7
0,5	0,37	**37.-**		1,9		
0,75	0,55	**42.-**		3	1,8	
1	0,74	**49.-**		4	2	
1,5	1,1	**52.-**		6	4	
2	1,45	**59.-**	**44.-**	7,5	5	
3	2,2	**71.-**	**50.-**	8,5	6	
4	3	**78.-**	**55.-**	9,5	7	
5,5	4	**89.-**	**66.-**	13,5	8,5	
7,5	5,5	**104.-**	**75.-**	14,5	10	
10	7,4	**127.-**	**95.-**	18,5	13	
12,5	9,2	**134.-**	**110.-**	19,5	14	
15	11	**154.-**	**126.-**	23,5	16	
20	14,5	**178.-**	**141.-**	25	20	
25	18,5	**208.-**	**167.-**	28	26	
30	22	**236.-**	**197.-**	31	28	
40	29,5	**255.-**	**203.-**	36	32	
50	37	**287.-**	**231.-**	45	34	
60	44	**328.-**	**256.-**	53	39	
80	59	**400.-**	**311.-**	62	42	
100	75	**450.-**	**352.-**	66	50	

Siehe Anmerkungen Seite 14—19

in gekapselter Ausführung erhöhen sich die Preise um 80—120% bzw. entsprechend des tatsächlichen Kupfergewichtes.

Hochspannungsmotoren: Die Listenpreise gelten nur für Spannungen bis 500 Volt. Bei Hochspannungsmotoren erhöhen sich die Preise und zwar

a) bis 2000 Volt um ca. 35%
b) über 2000 Volt um ca. 40—45%.

Bei Motoren für 5000 Volt Betriebsspannung ist gegebenenfalls der Ersatz der Mika-Isolation im Preise nicht einbegriffen.

4. Mechanische Arbeiten usw.:
Die Listenpreise beziehen sich nur auf die erforderlichen

Preise und Kupfergewichte

für Neuwicklungen von Drehstrommotoren, normale, offene Ausführung

Drehzahl = 750 n, 8 polig, 50 Perioden

Leistung		Preis in DM		Kupfergewicht		Bemerkungen
PS	kW	Ständer	Läufer	Ständer	Läufer	
1	2	3	4	5	6	7
0,5	0,37	**39.-**				
0,75	0,55	**44.-**		4	3	
1	0,74	**56.-**	**40.-**	5	3,5	
1,5	1,1	**61.-**	**46.-**	7	4,5	
2	1,45	**69.-**	**50.-**	8,5	5,5	
3	2,2	**84.-**	**56.-**	9,5	7	
4	3	**93.-**	**65.-**	12	9	
5,5	4	**106.-**	**81.-**	15	12	
7,5	5,5	**128.-**	**108.-**	17	13	
10	7,4	**158.-**	**121.-**	20	14	
12,5	9,2	**180.-**	**148.-**	25	15	
15	11	**209.-**	**167.-**	27	20	
20	14,5	**232.-**	**176.-**	30	24	
25	18,5	**271.-**	**218.-**	33	29	
30	22	**318.-**	**248.-**	38	32	
40	29,5	**375.-**	**288.-**	44	35	
50	37	**418.-**	**322.-**	53	39	
60	44	**459.-**	**351.-**	64	48	
80	59	**563.-**	**432.-**	70	54	
100	75	**640.-**	**494.-**	80	64	

Siehe Anmerkungen Seite 14—19

Wickelarbeiten, d. h. auf den vollständigen Ersatz der Ständer- bzw. Läuferwicklung. Etwa notwendige mechanische Arbeiten, wie Nacharbeiten der Lagerstellen, der Blechpakete usw., sowie Bürstenersatz werden besonders berechnet.

5. Zusammenbau und Prüfung:
Der Zusammenbau und die vorschriftsmäßige Prüfung der instandgesetzten Maschine ist für den Regelfall in den Listenpreisen einbegriffen. In besonders schwierig gelagerten Fällen werden die notwendigen Aufwendungen besonders in Rechnung gestellt.

Preise und Kupfergewichte

für Neuwicklungen von **Drehstrommotoren**, normale, offene Ausführung

Drehzahl = 600 n, 10 polig, 50 Perioden

Leistung		Preis in DM		Kupfergewicht		Bemerkungen
PS	kW	Ständer	Läufer	Ständer	läufer	
1	2	3	4	5	6	7
0,5	0,37	41.-		4,5		
0,75	0,55	47.-		5,5		
1	0,74	60.-	54.-	6,5		
1,5	1,1	79.-	60.-	8		
2	1,45	86.-	65.-	9,5		
3	2,2	104.-	75.-	11,4	6,5	
4	3	118.-	86.-	14	7,5	
5,5	4	136.-	112.-	18	13	
7,5	5,5	162.-	124.-	21	14	
10	7,4	208.-	155.-	26	16	
12,5	9,2	218.-	180.-	28	18	
15	11	245.-	190.-	29	22	
20	14,5	280.-	235.-	37,5	27	
25	18,5	330.-	268.-	40	31	
30	22	375.-	315.-	45	35	
40	29,5	405.-	360.-	53	40	
50	37	457.-	400.-	62	43	
60	44	542.-	440.-	71	49	
80	59	650.-	550.-	83	58	
100	75	745.-	615.-	95	66	

Siehe Anmerkungen Seite 14—19

6. **Altkupfer:**
   Das aus den beschädigten Wicklungen anfallende Altkupfer ist in den Listenpreisen einkalkuliert.
   Fordert der Auftraggeber das Altkupfer zurück oder besitzt die instandzusetzende Maschine Ersatzmetall- bzw. überhaupt keine Wicklung, so erhöhen sich die Listenpreise um den Betrag des Altkupferwertes. Dieser wird mit Barrenkupferpreis ab 20% in Rechnung gestellt.
7. **Feuchtigkeits-Schutz:**
   Werden die Wicklungen besonders gegen Feuchtigkeitseinflüsse imprägniert, so erhöht sich der Preis um 5—10% des jeweiligen Listenpreises.

Preise und Kupfergewichte

für Neuwicklungen von Drehstrommotoren, normale, offene Ausführung

Drehzahl = 500 n, 12 polig, 50 Perioden

Leistung		Preise in DM		Kupfergewicht		Bemerkungen
PS	kW	Ständer	Läufer	Ständer	Läufer	
1	2	3	4	5	6	7
0,5	0,37					
0,75	0,55					
1	0,74	**72.-**	**61.-**	7,5		
1,5	1,1	**85.-**	**72.-**	9,5		
2	1,45	**103.-**	**78.-**	11,5		
3	2,2	**125.-**	**90.-**	13,8	7,5	
4	3	**151.-**	**103.-**	16,5	8,5	
5,5	4	**163.-**	**134.-**	21	15	
7,5	5,5	**194.-**	**148.-**	25	16,5	
10	7,4	**249.-**	**186.-**	31	19	
12,5	9,2	**261.-**	**216.-**	33,5	21	
15	11	**294.-**	**228.-**	35	26	
20	14,5	**336.-**	**282.-**	44,5	32	
25	18,5	**396.-**	**321.-**	48	36	
30	22	**450.-**	**378.-**	54	41	
40	29,5	**486.-**	**432.-**	64	47	
50	37	**548.-**	**480.-**	75	50	
60	44	**650.-**	**528.-**	85	58	
80	59	**780.-**	**660.-**	99	69	
100	75	**894.-**	**738.-**	114	79	

Siehe Anmerkungen Seite 14—19

8. Motoren für andere Frequenzen als 50: Die Listenpreise beziehen sich auf Motoren für eine Netzspannung mit 50 Hertz. Bei einer niedrigeren Frequenz als 50 erhöhen sich die Listenpreise entsprechend des tatsächlichen Kupfergewichtes.

9. Läufer-Stabwicklungen:
Die Preise für Drehstromläufer-Stabwicklungen liegen 25—33⅓% höher als diejenigen mit Drahtwicklungen. Bei Schleifringläufer-Stabwicklungen erhöhen sich daher Die Preise der Spalte 4 um 33⅓—50%.

Neues Wickelgerät nach Raskop

für die formgerechte, wirtschaftliche Herstellung von Mehrfachspulen , ungleicher Weite bei Einschicht-Zweietagen und Zweischichten-Formspulenwicklungen für Einphasen- und Drehstrommotoren mit Leistungen bis ca. 30 PS.

Einphasen-Wechselstrommotoren, Gleichstrommotoren

Bedienen Sie sich für die Schnellbestimmung der Wickeldaten bei Drehstrommotoren und Einphasen-Wechselstrom-Asynchronmotoren der Broschüre:

Die Schnellbestimmung der Wickeldaten für Drehstrommotoren, nach Raskop-Tabellen

Preise und Kupfergewichte

für die Neuwicklung von Einphasen-Wechselstrommotoren (Asynchron-Motoren)

1. Multipliziert man die Einphasen-Motorleistung mit 1,5, so erhält man etwa die Leistung, welche der Motor mit Dreiphasen-(Drehstrom)-Wicklung bei gleicher Drehzahl abgeben würde.

   Für die Preisfestsetzung kann man daher die Preislisten für Drehstrommotoren benutzen.

   Beispiel: Ein Einphasen-Asynchronmotor von 5 PS 1500 n entspricht einem Drehstrommotor von

   $$1{,}5 \times 5 = 7{,}5 \text{ PS}$$

   und 1500 n.

   Der Neuwicklungspreis dieses Motors beträgt daher:

   a) Ständer = Mk. 90.—
   b) Läufer = 65.—.

2. Bei Einphasen-Kollektormotoren findet man den Preis für die Neuwicklung des Ständers gemäß des vorstehenden Beispieles. Den Preis für die Neuwicklung des Ankers findet man in der Gleichstromliste.

   Dieser beträgt im vorliegenden Fall daher *Mk. 102.—*.

3. Die Kupfergewichte für Einphasen-Asynchronmotoren findet man ebenfalls in der Drehstrom- bzw. Gleichstromliste, gemäß der Anleitung unter Ziffer 1.

Sehr wichtig!

Anmerkungen über die Gleichstrom-Liste

1. Rabatte:

   Die Preise der Gleichstrom-Liste enthalten einen Installateur-Rabatt von 10%.

2. An- und Ablieferung:

   Die Preise verstehen sich frei Werkstatt. An- und Abfuhr geht zu Lasten des Auftraggebers.

3. Preisstellung:

   Bauart: Die Preise beziehen sich auf normale, offene, ventiliert gekapselte und tropfwasser-geschützte Ausführung, sowie auf die listenmäßigen Kupfergewichte.
   Kupfergewichte: Motoren älteren Baujahres weisen in der Regel ein höheres Kupfergewicht auf. In solchen

Fällen erhöht sich der Preis entsprechend des tatsächlichen Kupfergewichtes (siehe Beispiel Drehstromliste Anmerkung Ziffer 3).

Gekapselte Ausführung: Für Gleichstrommotoren in gekapselter Ausführung erhöhen sich die Listenpreise um 40—50% bzw. entsprechend des tatsächlichen Kupfergewichtes.

Mechanische Arbeiten:

Siehe Drehstromliste Anmerkung Ziffer 4 Seite 5

Zusammenbau und Prüfung:

Siehe Drehstromliste Anmerkung Ziffer 5 Seite 6

Altkupfer:

Siehe Drehstromliste Anmerkung Ziffer 6 Seite 7

4. Preise für Dynamomaschinen:

Die Ermittlung der Preise für Neuwicklungen an Dynamomaschinen geschieht zweckmäßig durch Umrechnung der Dynamoleistung in die entsprechende Motorenleistung. Hierzu bedient man sich folgender Formel:

$$\text{Motorenleistung in PS} = \frac{\text{Dynamolstg. i. Watt} \times \text{Wirkungsgrad}}{736}$$

Die Drehzahl, welche die Dynamo als Motor hat, errechnet sich wie folgt:

bei Dynamos bis 5 kW = 0,7 mal Dynamodrehzahl
bei Dynamos bis 10 kW = 0,75 mal Dynamodrehzahl
bei Dynamos über 10 kW = 0,8 mal Dynamodrehzahl

Der Wirkungsgrad beträgt ca.:
bei Dynamos bis 5 kW = 0,8
bei Dynamos 5—10 kW = 0,85
bei Dynamos über 10 kW = 0,9.

Beispiel: Dynamo 220 Volt, 8 kW, 1180 n

$$\text{Motorenleistung} = \frac{8000 \text{ mal } 0{,}85}{736} = 9{,}23 \text{ PS}$$

$$\text{Motorendrehzahl} = 0{,}75 \text{ mal } 1180 = 885 \text{ n.}$$

Dieser Dynamo entspricht also einem Motor von 220 Volt, 9,23 PS 885 n oder vergleichsweise einem solchen von etwa 10 PS, 1000n.

Die Neuwicklung des Ankers kostet nach der Liste:

a) Anker = ca. Mk. 152.—
b) Magnetfeld = ca. Mk. 150.—.

Das ungefähre Kupfergewicht beträgt:

a) Anker = 9,5 kg
b) Magnetfeld = 19,5 kg

wenn es sich um eine Maschine in normaler, offener oder einer ähnlichen Ausführung und um eine neuzeitliche Kontruktion handelt.

Gleichstrom

Preise und Kupfergewichte

für Neuwicklungen von Gleichstrommotoren, normale, offene Ausführung — 110-440 Volt

Leistung		ca. Drehzahl i. d. Minute	Preis in DM		Kupfergewicht		Bemerkungen
PS	kW		Anker	Magnetfeld	Anker	Magnetfeld	
0,25	0,184	1550	**28.-**	**24.-**	0,7	1,8	
0,33	0,25	1900	**28.-**	**24.-**	0,7	1,8	
		1200	**32.-**	**27.-**	0,9	2,1	
0,5	0,37	1600	**32.-**	**27.-**	1,9	3	
		750	**40.-**	**36.-**	1,8	5	
0,75	0,55	2500	**33.-**	**28.-**	1,2	3	
		1150	**41.-**	**36.-**	1,8	5	
1	0,74	1500	**41.-**	**36.-**	1,8	5	
		1000	**45.-**	**40.-**	2,2	6	
		750	**48.-**	**45.-**	2,5	7	
1,5	1,1	1500	**49.-**	**40.-**	2,2	6	
		1100	**53.-**	**46.-**	3	7	
		750	**63.-**	**55.-**	3,5	8	
2	1,5	1900	**50.-**	**40.-**	2,2	6	
		1500	**53.-**	**46.-**	2,5	7	
		1000	**64.-**	**55.-**	4	8	
		750	**73.-**	**66.-**	4,5	9	
2,5	1,8	1800	**53.-**	**47.-**	2,5	7,5	
		750	**82.-**	**71.-**	5	10	
3	2,2	1500	**64.-**	**56.-**	3,5	8	
		1000	**73.-**	**66.-**	5	9,5	
		800	**82.-**	**72.-**	5,5	11	
4	3	2000	**64.-**	**57.-**	3,8	8	
		1450	**73.-**	**66.-**	4,5	9	
		1200	**82.-**	**73.-**	5	11	
		750	**102.-**	**92.-**	6	12,5	
5	3,7	1800	**73.-**	**66.-**	4,4	10	
		1400	**82.-**	**75.-**	5	11,5	
		1000	**102.-**	**90.-**	6	14,5	
		750	**125.-**	**112.-**	7	15,5	
		600	**135.-**	**123.-**	8	18	
7,5	5,5	1450	**102.-**	**93.-**	6	14	
		1200	**125.-**	**112.-**	6,7	16,5	
		900	**133.-**	**123.-**	7,5	18	
		750	**150.-**	**148.-**	9	19	
10	7,4	1450	**125.-**	**112.-**	7,5	15,5	
		1200	**135.-**	**126.-**	8,6	18	
		1000	**152.-**	**150.-**	9,5	19,5	
		600	**215.-**	**200.-**	11	23	

Fortsetzung auf Seite 25

Preise und Kupfergewichte

für Neuwicklungen von Gleichstrommotoren, normale, offene Ausführung — 110-440 Volt

Leistung		ca. Drehzahl i. d. Minute	Preis in DM		Kupfergewicht		Bemerkungen
PS	kW		Anker	Magnetfeld	Anker	Magnetfeld	
12,5	9,2	1800	**125.-**	**112.-**	7,5	15,5	
		1450	**135.-**	**126.-**	8	17	
		1200	**152.-**	**150.-**	9,5	19,5	
15	11	1800	**135.-**	**126.-**	8	17	
		1450	**152.-**	**150.-**	9,5	18,5	
		900	**215.-**	**200.-**	12	24	
		650	**270.-**	**240.-**	15	27	
20	14,7	900	**270.-**	**240.-**	16	28	
		600	**325.-**	**296.-**	18,5	35	
25	18,4	1450	**215.-**	**200.-**	13,5	23,5	
		1100	**270.-**	**240.-**	16,5	31	
		800	**325.-**	**296.-**	19,5	38	
30	22	1300	**270.-**	**240.-**	16,5	31	
		950	**325.-**	**296.-**	19	36	
		650	**440.-**	**395.-**	23	44	
40	29,4	1200	**325.-**	**296.-**	20	37	
		850	**440.-**	**395.-**	25	46	
		700	**495.-**	**410.-**	29,5	51	
50	37	1500	**325.-**	**275.-**	20	49	
		1000	**440.-**	**390.-**	25	52	
		875	**495.-**	**400.-**	29,5	57	
60	44,1	1250	**440.-**	**390.-**	25	52	
		1000	**495.-**	**400.-**	29,5	57	
75	55	1300	**495.-**	**400.-**	29,5	57	

Imprägniergerät nach Raskop
(mit Lackumlauf-Aggregat)

für die sach- und fachgemäße Imprägnierung von Wicklungen an elektrischen Maschinen, Transformatoren u. Apparaten.

Das Gerät verhindert die bisherigen Lösungsmittel- und Tränklackverluste, gewährleistet gleichbleibende Viskosität und lange Haltbarkeit der Tränklacke, höchste Sauberkeit und die vollwertige Durchtränkung der Wicklungen. Es erspart die oft mühevolle und kostspielige Entfernung überschüssiger Lackfilme an den passiven Bauteilen (Gehäuse-Mittelstücke) der Elektromaschinen.

Neubelegung von Kollektoren, Lagerersatz

Ueber die Herstellung und Neubelegung von Kollektoren: Siehe auch Raskop, Das Elektromaschinenbauerhandwerk, 6. Auflage, Ausgabe 1948, Seiten 147—154

Preise und Kupfergewichte

für die Neubelegung von Kollektoren

Leistung PS	Leistung kW	Drehzahl i. d. Min.	Preis für die Neubelegung in DM	ca. Kupfergewicht i. kg (Rohgewicht)	Bemerkungen
0,25	0,184	1550	**7.50**	0,28	
0,33	0,25	1900	**7.50**	0,28	
		1200	**10.-**	0,42	
0,5	0,37	1600	**10.50**	0,48	
		750	**19.-**	1,1	
0,75	0,55	2500	**11.-**	0,48	
		1150	**19.-**	1,1	
1	0,74	1500	**19.-**	1,1	
		1000	**21.-**	1,5	
		750	**23.-**	2,2	
1,5	1,1	1500	**21.-**	1,5	
		1100	**23.-**	2,2	
2	1,5	1500	**23.-**	2,2	
		1000	**30.-**	3,2	
		750	**33.-**	3,7	
3	2,2	1500	**30.-**	3,2	
		1000	**33.-**	3,7	
		800	**36.-**	3,9	
4	3	1450	**33.-**	3,7	
		1200	**37.-**	4,2	
		750	**44.-**	5,5	
5	3,7	1450	**37.-**	4,2	
		1000	**42.-**	4,8	
		750	**49.-**	7,5	
7,5	5,5	1450	**44.-**	5,5	
		1200	**49.-**	7,5	
		900	**53.-**	9	
		750	**65.-**	10,5	
10	7,5	1450	**49.-**	7,5	
		1200	**53.-**	9	
		1000	**65.-**	10,5	
12,5	9,2	1450	**53.-**	9	
		1200	**65.-**	10,5	
15	11	1450	**65.-**	10,5	
		900	**98.-**	15	
		650	**118.-**	21	
20	14,7	900	**116.-**	20	
		600	**150.-**	28	
25	18,4	1450	**105.-**	19	
		1100	**118.-**	21	
		800	**150.-**	28	

Fortsetzung von Seite 28

Leistung PS	Leistung kW	Drehzahl i. d. Min.	Preis für die Neubelegung in DM	ca. Kupfergewicht i. kg (Rohgewicht)	Bemerkungen
30	22	1300	**118.-**	21	
		950	**150.-**	28	
		650	**190.-**	37	
40	29,4	1200	**150.-**	28	
		850	**190.-**	37	
		700	**215.-**	41	
50	37	1400	**150.-**	28	
		1000	**190.-**	37	
		875	**215.-**	41	
75	55	1300	**215.-**	41	

Anmerkungen:

1. Das Aus- und Einlöten der Wicklung ist in den obigen Preisen nicht einbegriffen. Die Verrechnung erfolgt nach Zeitaufwand.
2. Bei Kollektoren mit Fahnen erhöhen sich die obigen Preise und zwar bei Leistungen

   bis 3 PS um ca. 50%
   von 4 —10 PS um ca. 40%
   von 12,5—15 PS um ca. 33⅓%
   von 20 —75 PS um ca. 25%.

Preise und Gewichte

der Ersatzlager für Drehstrommotoren

Leistung PS	Leistung kW	Drehzahl bei 50 P.	Preis eines Lagers in DM Rotguß	Preis eines Lagers in DM Weißmetall	ca. Gewicht in kg bearbeitet	Leistung PS	Leistung kW	Drehzahl bei 50 P.	Preis eines Lagers in DM Rotguß	Preis eines Lagers in DM Weißmetall
0,25	0,18	1500	**3.25**		0,11	10	7,4	3000	11.-	**10.-**
		1000	**3.50**		0,12			1500	**18.-**	**15.-**
0,5	0,37	3000	**3.25**		0,11			1000	**22.-**	**19.-**
		1500	**3.75**		0,18	12,5	9,2	1500	**22.-**	**19.-**
		1000	**4.25**		0,20	12,5	9,2	1000	**24.-**	**20.-**
0,75	0,55	3000	**3.75**		0,18			750	**33.-**	**29.-**
		1500	**4.25**		0,20	15	11	1500	**25.-**	**21.-**
		1000	**4.75**		0,28			1000	**28.-**	**24.-**
1	0,74	3000	**3.75**		0,18			750	**36.-**	**30.-**
		1500	**4.75**		0,28	20	15	1500	**28.-**	**24.-**
		1000	**5.75**		0,4			1000	**33.-**	**28.-**
1,5	1,1	3000	**4.25**		0,20			750	**37.-**	**32.-**
		1500	**5.75**		0,4	25	18	1500	**33.-**	**28.-**
		1000	**6.75**		0,48			1000	**37.-**	**32.-**
2	1,5	3000	**5.75**		0,4			750	**43.-**	**38.-**
		1500	**6.75**		0,48	30	22	1500	**37.-**	**32.-**
		1000	**7.50**		0,67			1000	**39.-**	**34.-**
3	2,2	3000	**6.75**		0,48			750	**47.-**	**42.-**
		1500	**7.75**		0,50	40	30	1500	**39.-**	**34.-**
		1000	**9.50**		0,75			1000	**43.-**	**38.-**
4	3	3000	**6.75**		0,48			750	**57.-**	**51.-**
		1500	**9.50**		0,75	50	37	1500	**43.-**	**38.-**
		1000	**11.-**		0,9			1000	**50.-**	**44.-**
5,5	4	3000	**9.50**	**8.50**	0,75			750	**65.-**	**56.-**
		1500	**11.-**	**10.-**	0,9	75	55	1500	**50.-**	**41.-**
		1000	**15.-**	**13.-**	1,0			1000	**65.-**	**56.-**
7,5	5,5	3000	**12.-**	**11.-**	0,95			750	**72.-**	**60.-**
		1500	**15.-**	**12.-**	1,0					
		1000	**18.-**	**15.-**	1,3					

Anmerkungen:

1. Die obigen Lagerpreise beziehen sich auf die handwerksmäßige Einzelherstellung derselben und auf die Lager der Antriebsseite. Die Preise und Gewichte der Schleifringseite liegen über ca. 5 PS — ca. 15 PS um ca. 15%, über ca. 15 — ca. 30 PS um etwa 25%, über 30 — 75 PS um etwa 33% niedriger.
2. Die Preise für Weißmetall-Lager beziehen sich auf das Ausgießen und Fertigbearbeiten.

Preise und Gewichte

der Ersatzlager für Gleichstrommotoren

stung		Drehzahl i. d. Min.	Preis eines Ersatzlagers in DM		ca. Gewicht in kg des fertigen Lagers Rotguß	Leistung		Drehzahl i. d. Min.	Preis eines Ersatzlagers in DM		ca. Gewicht in kg des fertigen Lager Rotgusß
	kW		Rotguß	Weißmetall		PS	kW		Rotguß	Weißmetall	
5	0,184	1550	**3.75**		0,11	10	7,5	1450	**22.-**	**19.-**	1,5
3	0,25	1900	**3.75**		0,11			1200	**23.-**	**18.-**	1,6
		1200	**4.75**		0,18			1000	**26.-**	**21.-**	1,8
	0,37	1600	**4.75**		0,18	12,5	9,2	1450	**25.-**	**20.-**	1,7
		750	**5.75**		0,32			1200	**27.-**	**21.50**	1,9
5	0,55	2500	**4.75**		0,18	15	11	1450	**26.-**	**21.-**	1,8
		1150	**5.75**		0,32			900	**28.-**	**22.-**	2
	0,74	1500	**5.75**		0,32			650	**32.-**	**24.-**	2,3
		1000	**6.75**		0,39	20	15	900	**35.-**	**29.-**	2,5
		750	**6.-**		0,5			600	**40.-**	**34.-**	3
	1,1	1500	**6.75**		0,39	25	18,4	1450	**34.-**	**28.-**	2,2
		1100	**8.-**		0,5			1100	**36.-**	**30.-**	2,6
	1,5	1500	**8.-**		0,5			800	**40.-**	**33.-**	3
		1000	**8.75**		0,7	30	22	1300	**36.-**	**30.-**	2,6
		750	**10.50**		0,85			950	**40.-**	**33.-**	3
	2,2	1500	**8.75**		0,71			650	**44.-**	**37.-**	3,3
		1000	**10.75**		0,85	40	29,4	1200	**40.-**	**33.-**	3
	3	1450	**10.75**	**9.-**	0,85			850	**50.-**	**43.-**	3,5
		1200	**13.50**	**12.-**	0,9			700	**53.-**	**46.-**	3,8
		750	**17.-**	**15.-**	1,2	50	37	1500	**40.-**	**33.-**	3
	3,7	1450	**13.50**	**12.-**	0,9			1000	**44.-**	**37.-**	3,3
		1000	**17.-**	**14.-**	1,2			875	**53.-**	**44.-**	3,8
		750	**22.-**	**19.-**	1,5	75	55	1300	**53.-**	**44.-**	3,8
	5,5	1450	**17.-**	**14.-**	1,2						
		1200	**19.-**	**16.-**	1,3						
		900	**25.-**	**21.-**	1,6						

Anmerkungen:

1. Die obigen Lagerpreise beziehen sich auf die handwerksmäßige Einzelherstellung derselben und auf die Lager der Antriebsseite. Die Preise und Gewichte für Lager der Kollektorseite liegen bei Leistungen über 5 PS — 15 PS um ca. 15%, über 15 PS — 30 PS um etwa 25%, über 30 — 75 PS um etwa 30% niedriger.
2. Die Preise für Weißmetall-Lager beziehen sich auf das Ausgießen und Fertigbearbeiten.

Elektro-Trockenofen nach Raskop

mit neuartiger Großflächenheizung und automatischer Temperatur-Regelanlage. Für die Tiefentrocknung imprägnierter Wicklungskörper im Elektromaschinen-, Transformatoren- und Apparatebau.

Der konstruktive Aufbau, insbesondere die trägheitslose Großflächenheizung in Verbindung mit der Temperaturregelanlage gewährleistet kurzfristige Anheizzeiten u. gleichmäßige Durchtrocknungen in den tieferen Wicklungslagen.

Hierdurch werden u.a. auch die Voraussetzungen für die Duplizierbarkeit der idealen Trockenkurve (Temperaturhöhe und Temperaturverlauf - bezogen auf die optimale Trockenzeit) geschaffen, sowie gleich- und hochwertige Endergebnisse bei geringstem Aufwand an Fertigungskosten erreicht.

Diese Vorteile sind gleichbedeutend mit der Herabsetzung der Ausschußziffer (besonders bei Lackdrahtwicklungen) und somit gleichbedeutend mit der Erhöhung der Wirtschaftlichkeit des Fertigungsverfahrens.

Polumschaltbare Drehstrommotoren

Ueber die Schaltungen polumschaltbarer Drehstromwicklungen nach Dahlander, sowie nach SSW-Weinert u. a. siehe auch Broschüre:

Ein neues, zeitsparendes Schaltverfahren, mit Anhang Schaltbilder sowie 43 Schaltbilder in DIN-A 4-Format

Polumschaltbare Drehstrommotoren

Leistungsverhältnis: 1:1,5
1 Wicklung, 2 Drehzahlen
Dahlander-Schaltung ·

Drehstrom
3000 und 1500 n
1 Wicklung

Preise und Kupfergewichte

für Neuwicklungen von polumschaltbaren Drehstrommotoren, normale, offene Ausführung

Drehzahlen = 3000/1500 n, 2/4 polig, 50 Hertz

Leistung				Preis in DM		Kupfergewicht		Bemerkung
in PS bei		in kW bei						
1500 n	3000 n	1500 n	3000 n	Ständer	Läufer	Ständer	Läufer	
1	2	3	4	5	6	7	8	9
0,5	0,75	0,37	0,56	35.-	–	1,8	–	Mit Ein- od. Mehrstab
0,75	1,13	0,55	0.66	38.-	–	3,2	–	bzw. Wirbelstr. Käfiglä
1	1,5	0,74	1,11	48.-	–	5,4	–	
2	3	1,45	2,18	53.-	–	7,8	–	〃
3	4,5	2,2	3,3	66.-	–	8,4	–	〃
4	6	3	4,5	78.-	–	10,2	–	〃
5,5	8,2	4	6	91.-	–	13,8	–	m. Doppelnute od. Wirb-
7,5	10,2	5,5	8,2	108.-	–	15	–	str. Käfigläufer
10	15	7,4	11,1	133.-	–	18	–	
12,5	18,75	9,2	13,8	148.-	–	23	–	
15	22,5	11	16,5	157.-	–	25	–	
20	30	14,5	21,8	189.-	–	27,6	–	
25	37,5	18,5	27,75	218.-	–	30	–	
30	45	22	33	247.-	–	34	–	
40	60	29,5	44,2	277.-	–	38,4	–	
50	75	37	56	322.-	–	52	–	
60	90	44	66	362.-	–	57	–	
80	120	59	88,5	428.-	–	66	–	
100	150	75	112	496.-	–	71	–	

Anmerkungen:

1. Die ungefähren Preise für die Neuwicklung polumschaltbarer Drehstrommotoren mit 2 Drehzahlen und einer Wicklung für andere Polzahlverhältnisse als 2:1 (keine Dahlander-Wicklung) ergeben sich etwa aus dem Listenpreis der Ständerwicklungen für normale Motoren der niedrigsten Drehzahl × 1,4 — 1,5.
   Beispiel: Polumschaltbarer Drehstrommotor 12/15 PS 750/1000 n 380 Volt 6/8 polig, eine Wicklung.

Polumschaltbare Drehstrommotoren

Leistungsverhältnis: 1:1,5
1 Wicklung, 2 Drehzahlen
Dahlander-Schaltung

Drehstrom
1500 und 750 n
1 Wicklung

Preise und Kupfergewichte

für Neuwicklungen von polumschaltbaren Drehstrommotoren, normale, offene Ausführung

Drehzahlen = 1500/750 n, 4/8 polig, 50 *Hertz*

Leistung				Preis in DM		Kupfergewicht		Bemerk.
in PS bei		in kW bei						
750 n	1500 n	750 n	1500 n	Ständer	Läufer	Ständer	Läufer	
1	2	3	4	5	6	7	8	9
0,5	0,75	0,37	0,56	**47.-**	—	2,8	—	
0,75	1,13	0,55	0,66	**53.-**	—	4,5	—	
1	1,5	0,74	1,11	**73.-**	—	6	—	
2	3	1,45	2,18	**84.-**	—	9,5	—	
3	4,5	2,2	3,3	**100.-**	—	11,5	-	
4	6	3	4,5	**112.-**	—	14,5	—	
5,5	8,2	4	6	**127.-**	—	18	—	
7,5	10,2	5,5	8,2	**153.-**	—	20,5	—	
10	15	7,4	11,1	**190.-**	—	24	—	
12,5	18,75	9,2	13,8	**216.-**	—	30	—	
15	22,5	11	16,5	**250.-**	—	33	—	
20	30	14,5	21,8	**278.-**	—	36	—	
25	37,5	18,5	27,75	**325.-**	—	39,5	—	
30	45	22	33	**380.-**	—	45	—	
40	60	29,5	44,2	**450.-**	—	53	—	
50	75	37	56	**505.-**	—	62	—	
60	90	44	66	**550.-**	—	77	—	
80	120	59	88,5	**675.-**	—	84	—	
100	150	75	112	**768.-**	-	96	—	

Die Neuwicklung des Ständers eines normalen Drehstrommotors 12 PS 750 n kostet nach der Liste für normale Motoren 750 n = *DM. 180.—* Dann beträgt der Preis für den polumschaltbaren Motor etwa 1,4 × 180.— = *DM 252.-* bis 1,5 × 180 = DM 270.— Die Kupfergewichte solcher polumschaltbarer Motoren liegen etwa 20—25% höher als die listenmäßigen Kupfergewichte für normale Motoren.

2. Bei polumschaltbaren Motoren mit 3 Drehzahlen und einer Wicklung erhält man die ungefähren Preise für die Neu-

Polumschaltbare Drehstrommotoren

Leistungsverhältnis: 1:1,5
1 Wicklung, 2 Drehzahlen
Dahlander-Schaltung

Drehstrom
1 000 und 500 n
1 Wicklung

Preise und Kupfergewichte

für Neuwicklungen von polumschaltbaren Drehstrommotoren, normale, offene Ausführung

Drehzahlen = 1000/500 n, 6/12 polig, 50 Hertz

Leistung in PS bei 500 n	Leistung in PS bei 1000 n	Leistung in kW bei 500 n	Leistung in kW bei 1000 n	Preis in DM Ständer	Preis in DM Läufer	Kupfergewicht in kg Ständer	Kupfergewicht in kg Läufer	Bemerkungen
1	2	3	4	5	6	7	8	9
0,5	0,75	0,37	0,55	—	—	—	—	Käfigläufer
0,75	1,13	0,55	0,66	—	—	—	—	
1	1,5	0,74	1,11	87.-	—	9	—	
2	3	1,45	1,8	124.-	—	14	—	
3	4,5	2,2	3,3	150.-	—	16,5	—	
4	6	3	4,5	180.-	—	20	—	
5,5	8,2	4	6	195.-	—	25	—	
7,5	10,2	5,5	8,2	233.-	—	30	—	
10	15	7,4	11,1	298.-	—	37	—	
12,5	18,75	9,2	13,8	315.-	—	41	—	
15	22,5	11	16,5	352.-	—	43	—	
20	30	14,5	21,8	405.-	—	52	—	
25	37,5	18,5	27,75	475.-	—	57,5	—	
30	45	22	33	540.-	—	65	—	
40	60	29,5	44,2	685.-	—	75	—	
60	90	44	66	780.-	—	102	—	
80	120	59	88,5	935.-	—	119	—	
100	150	75	112	1075.-	—	137	—	

wicklung des Ständers, wenn man den Listenpreis der normalen Motoren entsprechend der niedrigsten Leistung und Drehzahl der polumschaltbaren Motoren mit 1,6—1,7 multipliziert.

Beispiele: Polumschaltbarer Drehstrommotor 12/6/4 Pole, 500, 1000, 1500 n, 5,5/8/13 PS.

Die Neuwicklung des Ständers eines normalen 5,5 PS Drehstrommotors 500 n kostet nach der Liste *DM 163.—*. Dann beträgt der ungefähre Preis für den polumschaltbaren Motor 1,6 × 163 = *DM 256.— bis DM 272.—*.

Preise und Kupfergewichte

für Neuwicklungen von polumschaltbaren Drehstrommotoren, normale, offene Ausführung

Drehzahlen = 3000/1500/1000 n, 2/4/6 polig, 50 Hertz

Leistungen						Preis in DM	Kupfergew. bei b. d. Wicklg. in kg	Bemerkungen
in PS bei			in kW bei					
000 n	1500 n	3000 n	1000 n	1500 n	3000 n	Ständer	Ständer	
1	2	3	4	5	6	7	8	9
0,5	0,75	1,18	0,37	0,56	0,67	**75.-**	5	Käfigläufer
0,75	1,13	1,7	0,55	0,66	1,0	**90.-**	8,5	
1	1,5	2,25	0,74	1,1	1,65	**105.-**	11	
2	3	4,5	1,45	2,18	3,3	**115.-**	16	
3	4,5	6,75	2,2	3,3	5	**148.-**	19	
4	6	9	3	4,5	6,75	**170.-**	24	
5,5	8,2	12,3	4	6	9	**200.-**	29,5	
7,5	10,2	15	5,5	8,2	12,3	**240.-**	32,5	
0	15	22,5	7,4	11,1	16,65	**284.-**	43	
2,5	18,75	28	9,2	13,8	20,7	**310.-**	46	
5	22,5	33,25	11	14,5	24,75	**365.-**	50	
0	30	45	14,5	21,8	33	**425.-**	58	
0	45	67,5	22	33	49,5	**516.-**	72	
0	60	90	29,5	44,2	66	**617.-**	93	
0	75	112,5	37	56	84	**697.-**	100	

3. Bei polumschaltbaren Drehstrommotoren mit 4 Drehzahlen und 2 Dahlander-Wicklungen erhält man den ungefähren Preis für die Neuwicklung beider Ständerwicklungen, wenn man die Listenpreise für normale Motoren entsprechend der niedrigsten Drehzahl (beider Wicklungen) der polumschaltbaren Motoren mit 1,2 multipliziert und beide Werte addiert.

Beispiel: Polumschaltbarer Drehstrommotor 5/7, 5/9/13,5 PS, 500/750/1000/1500 n, 2 Wicklungen in Dahlander-Schaltung. Die Neuwicklung des Ständers eines normalen 5 PS Drehstrommotors 500 n kostet nach der Liste *DM 163.—* Derjenige des 9 PS 750 n etwa *DM 158.—*.
Die gesamten ungefähren Neuwicklungskosten beider Wicklungen betragen daher 158+163 = 321 . 1,2 = *DM 385.—*.
Die Kupfergewichte liegen etwa 20—25% höher als diejenigen der normalen Motoren.

Kalkulationszettel für die Preisliste Ausgabe 1948

Stempel der Fa. Datum 194	Comm. Nr.: Gegenstand: ....

Gültiger Tages-Multiplikator: ....

Listen-Grundpreis in	DM:	
Korrektur gemäß	DM:	(Ausführungsart)
Preisliste	DM:	(Betriebsart)
Seiten	DM:	(btr: Baujahr)
Korrigierter Listen-Grundpreis	DM:	
mal Tages-Multiplikator	DM:	(= Tagespreis)
Sonderaufschläge gemäß Preisliste:		
Seiten	DM:	
Endergebnis:	DM:	

Sonderaufschläge gemäß Preisliste sind: u. a.

Hochspannungsmaschinen:
bis 2000 Volt = 35 % üb. 2 – 5000 Volt = 40 — 45%
Schutzimprägnierung: 5 — 10 %
Drehstromläufer mit Stabwicklungen: 33⅓-50%
Drehstromläufer mit Einfädelwicklungen 15-20%
Besondere Umbandelungen der Wicklungen: nach Werkstoff- und Arbeitszeitaufwand
Siehe Preisliste Seiten ....

Nachbearbeiten der Blechpakete: nach Werkzeugkosten und Arbeitszeitaufwand
Wickeldatenberechnung: nach Arbeitszeitaufwand
Hitzebeständige Wicklungen: 15 - 20 %
Besondere Abstützung der Wicklungen: nach Werkstoff- und Arbeitszeitaufwand
Besondere Schwierigkeiten beim Entfernen der beschädigten Wicklung u. a. m.

Drehstrom-Transformatoren

Ueber die Instandsetzung und Neuwicklung von Transformatoren, Herstellung der Schaltungen, Parallelschalten, Oel-Aufbereitung usw. siehe auch Raskop:

Das Elektromaschinenbauerhandwerk, Ausgabe 1948, Seite 46, 184—205

Drehstrom-
Transformatoren
bis 6000 Volt

Preise und Kupfergewichte

für die Neuwicklung von Drehstrom-Transformatoren mit Oelkühlung

Oberspannung: bis 6000 Volt

Unterspannung: bis 500 Volt

Leistung kVA		Kupfergewichte			Preis der Neuwicklung DM	Oelgew. in kg ca.	Bemerkung
Hauptreihe	Sonderreihe	Oberspann. in kg ca.	Unterspann. in kg ca.	Totalgew. in kg ca.			
1	2	3	4	5	6	7	8
5	–	12	9	21	**295.-**	45	
10	5	18	15	33	**365.-**	50	
20	10	24	18	42	**430.-**	60	
30	15	30	24	54	**490.-**	95	
50	25	39	33	72	**575.-**	130	
75	37,5	51	45	96	**665.-**	170	
100	50	69	54	125	**845.-**	200	

Anmerkungen:

1. Die Leistungen in Spalte 1 entsprechen der Hauptreihe. Betriebsart DB (Dauerbetrieb). Ueberlastbarkeit 10% während 3 Std. 30% während einer Stunde, RET § 42. Die Leistungen in Spalte 2 gelten für Dauerbetriebe bei 60%-iger Ueberlastbarkeit dauernd oder 75% während 3 Stunden oder 110% für 1 Stunde.
2. Die Preise in Spalte 6 beziehen sich auf neuzeitliche Ausführungen. Bei alten Ausführungen erhöhen sich die Preise im Verhältnis der höheren Kupfergewichte, die vorgefunden werden.
   Wird nur die Oberspannungswicklung erneuert, dann beträgt der Preis hierfür etwa 70% der in Spalte 6 enthaltenen Preise. Wird nur die Unterspannungswicklung erneuert, dann beträgt der Preis hierfür etwa 50% der in Spalte 6 enthaltenen Preise.
3. Die jeweils erforderliche Oelreinigung und der teilweise oder gänzliche Ersatz des Oeles wird gesondert berechnet.
4. Ist der Ersatz von Durchführungs-Isolatoren oder Umschalt-Vorrichtungen usw. erforderlich, dann werden diese Leistungen besonders berechnet.

Drehstrom-Transformatoren für 10000 Volt Oberspannung

Preise und Kupfergewichte

für Neuwicklungen an Drehstrom-Transformatoren mit Oelkühlung

Oberspannung: 10 000 Volt
Unterspannung: bis 500 Volt

Leistung kVA		Kupfergewichte			Preis der Neuwicklg. in DM	Oel-gew. in kg ca.	Bemerkungen
Haupt-reihe	Sonder-reihe	Ober-spann. in kg ca.	Unter-spann. in kg ca.	Total-gew. in kg ca.			
1	2	3	4	5	6	7	8
5	—	12	9	21	**335.-**	50	
10	5	18	15	33	**400.-**	55	
20	10	24	18	42	**465.-**	70	
30	15	30	24	54	**510.-**	100	
50	25	39	33	72	**650.-**	135	
75	37,5	51	45	96	**780.-**	170	
100	50	69	54	125	**915.-**	220	

Drehstrom-Transformatoren für 15000 Volt Oberspannung

Preise und Kupfergewichte

für Neuwicklungen an Drehstrom-Transformatoren mit Oelkühlung

Oberspannung: 15 000 Volt
Unterspannung: bis 500 Volt

Leistung kVA		Kupfergewichte			Preis der Neuwicklg. in DM	Oelgew. in kg ca.	Bemerkungen
Hauptreihe	Sonderreihe	Oberspann. in kg ca.	Unterspann. in kg ca.	Totalgew. in kg ca.			
1	2	3	4	5	6	7	8
5	–	12	9	21	**438.-**	65	
10	5	18	15	33	**504.-**	70	
20	10	24	21	42	**550.-**	75	
30	15	30	27	54	**615.-**	105	
50	25	39	33	72	**695.-**	130	
75	37,5	51	45	96	**865.-**	175	
100	50	69	54	125	**1020.-**	230	

Drehstrom-Transformatoren für 20000 Volt Oberspannung

Preise und Kupfergewichte

für Neuwicklungen an Drehstrom-Transformatoren mit Oelkühlung

Oberspannung: 20 000 Volt
Unterspannung: bis 500 Volt

Leistung kVA		Kupfergewichte			Preis der Neu-wicklg. in DM	Oel-gew. in kg	Bemerkungen
Haupt-reihe	Sonder-reihe	Ober-spann. in kg ca.	Unter-spann. in kg ca.	Total-gew. in kg ca.			
1	2	3	4	5	6	7	8
5	–	15	6	21	530.-	70	
10	5	21	15	36	570.-	80	
20	10	24	18	42	620.-	85	
30	15	30	28	58	688.-	120	
50	25	40	34	74	738.-	150	
75	37,5	51	45	96	900.-	190	
100	50	75	54	129	1170.-	230	

Anmerkung:

Die Preise für eine Oberspannung von 25 000 Volt liegen etwa 25%, die für 30 000 Volt etwa 30% höher als die in Spalte 6 für 20 000 Volt geltenden Preise.

Inhaltsverzeichnis

Achtung! Auf die ergänzenden Anmerkungen am Fuße der Tabellen wird besonders hingewiesen.

• Buchdruckerei Oskar Schnitzer, Markt Oberdorf/Allgäu •

FSC
www.fsc.org
MIX
Papier | Fördert
gute Waldnutzung
FSC® C083411

Kolibri 360 GmbH
Ferdinand-Jühlke-Straße 7
99095 Erfurt, Deutschland
produktsicherheit@kolibri360.de